Unsere Zentralheizungen

Preisschrift

von

Ingenieur PAUL SAUPE

Veröffentlicht vom

Verband Deutscher Centralheizungs-Industrieller

München und Berlin 1910
Druck und Verlag von R. Oldenbourg

www.ingramcontent.com/pod-product-compliance
Lightning Source LLC
Chambersburg PA
CBHW022312240326
41458CB00164BA/831